独自倾心向太阳

野塘何处锦鳞肥

草木黄落雁兮南归

讲给孩子的
四季故事
秋

刘兴诗 / 文　　白鳍豚文化 / 绘

长江出版传媒　　长江少年儿童出版社

鄂新登字 04 号

图书在版编目（CIP）数据

讲给孩子的四季故事．秋 / 刘兴诗著；白鳍豚文化绘．— 武汉：长江少年儿童出版社，2020.6

ISBN 978-7-5721-0470-1

Ⅰ．①讲⋯　Ⅱ．①刘⋯　②白⋯　Ⅲ．①秋季—青少年读物　Ⅳ．① P193-49

中国版本图书馆 CIP 数据核字（2020）第 053179 号

讲给孩子的四季故事·秋

刘兴诗 / 文　白鳍豚文化 / 绘

出品人：何龙

策划：胡星　责任编辑：胡星　郭心怡　营销编辑：唐靓

美术设计：白鳍豚童书工作室 彭瑾 徐晟 杨鑫　插图绘制：白鳍豚童书工作室 胡思琪 徐明晶 赵聪

卷首语：崔艺潇

出版发行：长江少年儿童出版社

网址：www.cjcpg.com　邮箱：cjcpg_cp@163.com

印刷：湖北新华印务有限公司　经销：新华书店湖北发行所

开本：16 开　印张：2.75　规格：889 毫米×1194 毫米　印数：10001-16000 册

印次：2020 年 6 月第 1 版，2021 年 1 月第 2 次印刷　书号：ISBN 978-7-5721-0470-1

定价：32.00 元

版权所有　侵权必究

本书如有印装质量问题　可向承印厂调换

秋天，
是一幅诗意的画卷，
描绘着一年的收获与成长。

清晨，雾气润泽了整片田野，
金色的麦穗迎着朝阳闪闪发光。

农民伯伯种下的柿子树结果了，
火红的柿子像高高挂起的年节灯笼。
几只喜鹊在树枝间穿梭，叽叽喳喳地窃窃私语。

树下，雏菊扬起笑脸拥抱丰收，
落叶织成的金毯替换了夏的绿被，一派金色的风光。

阳光守护着厚重的大地，淡淡的桂花香沁人心脾。
不远处，溪水缓缓托起芦苇沟中的一叶扁舟，等待着玩耍归来的孩童。

8月的节日

8月1日　中国人民解放军建军节

8月7日　立秋（这日前后）

8月8日　中国全民健身日

8月12日　国际青年日

8月19日　中国医师节

8月22日　处暑（这日前后）

夏妹妹的热情还未褪去，秋仙子就迫不及待地到来了。阳光慢慢变得温和，空气也更加爽朗起来。你看，向日葵正绽放笑颜，追逐着太阳的脚步。田野里的庄稼也进入生长的关键时期，农民伯伯们忙着为它们浇水施肥。小池塘里，荷花开始凋谢，饱满的莲蓬展露出来。荷叶被太阳晒弯了腰，为鱼儿撑开一片阴凉。

8月

关于 8 月

8月是北半球秋季的第一个月，公历年中的第八个月，属于大月，共有 31 天。8月有立秋和处暑两个节气，正值夏秋交替之时。8月气温持高不下，仍需注意防暑降温，不过天气正从炎热向凉爽过渡。这时昼夜温差加大，各种农作物生长依旧旺盛，展现出炽热的活力。俗话说：秋后一伏，晒死老牛。这时候还要谨防"秋老虎"发威，真正凉爽的秋天还要等一段时间。

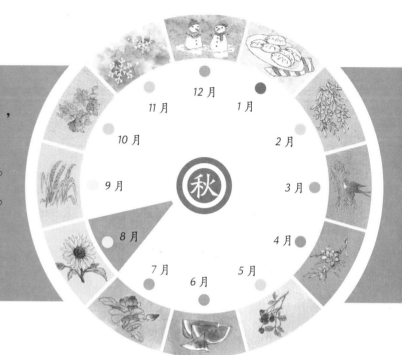

『地球公转与气候变化』

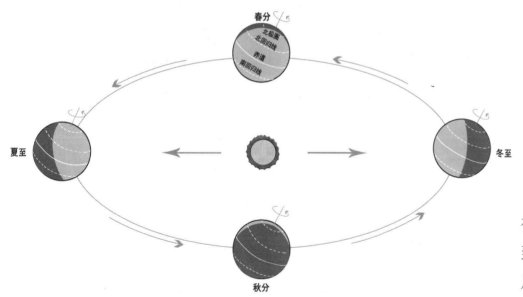

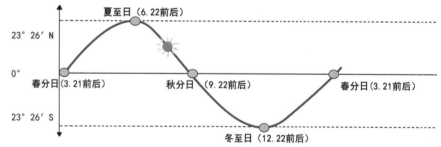

8月是早秋。立秋是秋天开始的时候，这一天，太阳运行到黄经 135°，气温由最热慢慢下降，降雨也逐渐变少。到了处暑节气，太阳运行到黄经 150°，昼夜温差变大，凉风习习的天气即将来临，大地正式进入气象意义的秋天。

『诗词赏析』

暑气渐渐消散，秋仙子真正降临了。

初秋的风光怎么样？

请品读唐代大诗人王维的诗作吧。

山居秋暝

空山新雨后，天气晚来秋。

明月松间照，清泉石上流。

竹喧归浣女，莲动下渔舟。

随意春芳歇，王孙自可留。

你看，空荡荡的山谷，空荡荡的树林，一场秋雨过后，显得更加清爽。明亮的月光穿过松林，一直投射进空旷的林子里。一股股清亮亮的泉水，漫过山溪中间的大石头，顺着河谷哗啦啦流下去。竹林里传来一阵阵清脆的笑声，原来是一群洗涮衣服的姑娘说说笑笑回家了，多么快活呀！池塘中的荷叶轻轻晃动，划出了一只小小的渔船。一丛丛鲜花，一片片草丛，都是初秋的风景，多么打动我的心儿呀！

这动人的秋天美景，想不到竟这么使人留恋。

『谚语』

立了秋，把扇丢

立秋后，气温开始慢慢下降，燥热的大气逐渐退去，凉爽的秋天很快就要到来了。

处暑天还暑，好似秋老虎

虽说立秋后天气逐渐转凉，但许多地方会出现"秋老虎"，30℃以上的高温仍会持续一段时间。

一场秋雨一场寒，十场秋雨要穿棉

秋季，冷空气南下会带来降雨。每下一场秋雨，温度就会降低一些，衣服渐渐穿得更厚了。

植物笔记

『梧桐』

　　梧桐，是一种常见的落叶乔木，在中国南北各地广泛种植，以长江流域为多。它们喜欢在肥沃、湿润、排水畅通的土壤里生长，是城市中常见的行道树和观赏树。秋天，梧桐树会落下宽大的叶子，慢慢长出圆溜溜的果实，这便是它的种子。种子下垂着生长，四五个长成一串，毛茸茸的，真可爱！

别　　名：青桐
分　　类：梧桐科。落叶乔木
树　　高：一般在 15 ~ 20 米
应用价值：可用于观赏、药用以及
　　　　　木材加工和造纸工业等

别　　名：葵花
分　　类：菊科。一年生草本
植株高度：一般在 1 ~ 3.5 米
应用价值：可供观赏及食用，也是重要的经济作物

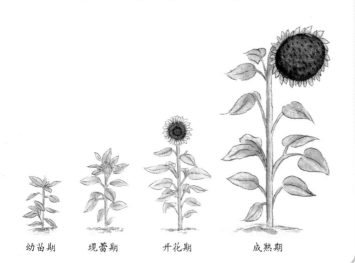

幼苗期　　现蕾期　　开花期　　成熟期

『向日葵』

　　春天播种的向日葵经历了幼苗期、现蕾期、开花期几个阶段的生长，到初秋时节终于成熟啦。一排排金灿灿的向日葵，迎着太阳的光芒昂起沉甸甸的头颅，骄傲又神气。它们最喜欢朝向太阳的方向，露出灿烂的笑容啦。可别小瞧了向日葵，它们浑身是宝，它们的种子可以用来食用和榨油，花穗和茎秆也可以用作工业原料，是人们不能缺少的好帮手。

动物笔记

『蟋蟀』

是谁在初秋的夜晚唱着歌谣？原来是蟋蟀，它们的翅膀相互摩擦，能发出响亮的声音。它们一会儿跳起来，一会儿趴在地上，一会儿跑到墙脚边，一会儿躲到泥巴下。它们穿着深褐色的外衣，长着 6 只脚、两根须，还拖着长长的尾巴。蟋蟀是一种古老的昆虫，至少有 1.4 亿年的历史，从古代开始就是人们玩斗的对象。看，它的两只后腿特别有力，如果参加昆虫运动会，准能得跳远冠军。

别　　　名：促织、蛐蛐儿
分　　　类：昆虫纲，直翅目，蟋蟀科
分 布 区 域：各大洲均有分布（南极洲除外）
主 要 天 敌：螳螂、蝼蛄等

分　　　类：昆虫纲，鞘翅目，萤科
体　　　长：一般在 8 ~ 14 毫米
分 布 区 域：各大洲均有分布（南极洲除外）
主 要 食 物：蜗牛、蚯蚓等

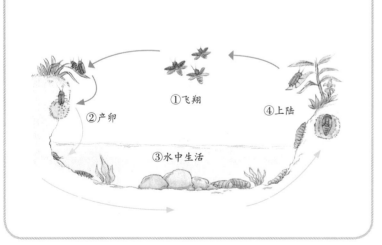

①飞翔
②产卵
③水中生活
④上陆

『萤火虫』

秋天的夜花园里，许多亮光一闪一闪，是天上的星星落到了人间吗？仔细看，原来是萤火虫呀！它们喜欢生活在水边或湿润的地方，因为体内含有发光质，所以可以在发光酵素的作用下发出黄绿色的光。在萤火虫的世界里，这种光的作用可大了，不仅可以恫吓天敌，还能求偶和诱捕食物呢。

天气·习俗·节日

伏旱

每年 7 月到 8 月中旬，长江中下游地区会被一种叫副热带高气压的气团控制，形成反气旋天气。这时日照时间长，太阳辐射很强，蒸发和蒸腾量大，是一年中最热的时期。这个阶段，农作物生长快，农田需水量大，加上降水量少，普遍会出现干旱酷暑的天气，因此被叫作"伏旱"。

中元习俗

农历七月十五是中元节，是敬祖尽孝、庆贺丰收的节日，民间也把它称作"七月半"。这一天，人们会准备丰盛的食物祭祖上坟，向逝去的亲人表达尊敬和追思。人们还会和亲友相聚，共同品尝劳动的果实，一边庆祝当年的收成，一边祈盼未来的生活更加幸福和美。

七夕节

农历七月初七是七夕节，这一天被赋予了"牛郎织女"的美丽传说，是一个具有浪漫色彩的传统节日。传说七夕时，喜鹊们会搭成一座鹊桥，让分离一年的牛郎和织女相见。七夕节还被称作乞巧节、七姐节，古时的女子会在这一天穿针斗巧，期盼能像天上的织女一样心灵手巧。

● 漫画故事会

『牛郎织女的故事』

❶ 传说中，织女是天帝的女儿，因为厌恶了每日给天空织彩霞的枯燥生活，就偷偷到人间游玩。后来，她和牛郎相遇并结为夫妻，过上了幸福的生活，便不再回天上织彩霞了。

❷ 天帝知道后非常生气，命令天兵天将把织女带回天宫。牛郎看到妻子被抓走后心急如焚，便马上将他们的一双儿女分别放入筐内，用扁担挑起一对箩筐，想把织女追回来。

❸ 眼看就要追上了，王母娘娘正好赶来。她拔下头上的金簪，在牛郎和织女中间划出了一条波涛滚滚的天河，将他们分隔开来。他们只好站在天河两端，大声哭了起来。

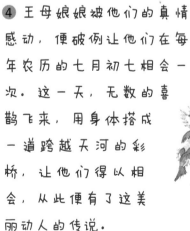

❹ 王母娘娘被他们的真情感动，便破例让他们在每年农历的七月初七相会一次。这一天，无数的喜鹊飞来，用身体搭成一道跨越天河的彩桥，让他们得以相会，从此便有了这美丽动人的传说。

●环保行动派

『土地荒漠化』

    由于气候变异和人类活动的影响，土地荒漠化越来越严重。这不仅会使原本生意盎然的森林、草地逐渐消失，还会造成自然灾害频发，村庄、道路等设施遭到流沙埋压，严重威胁人类的生存和发展。中国是世界上荒漠化严重的国家之一，如果没有了水，没有了花草树木，我们的家园会变成什么样子？

『土地荒漠化的成因』

自然因素

1. 全球气候变化异常，导致干旱增多

2. 植被稀少、土质疏松等

人为因素

1. 毁草开荒、过度放牧，导致草场退化

2. 过度开垦、破坏土壤结构，导致水土流失

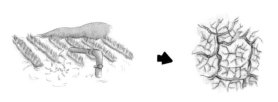

3. 大水漫灌、盲目施肥，导致土壤盐渍化

4. 乱砍滥伐森林、破坏植被，导致土壤沙化

『水杉』

　　水杉是世界上珍稀的子遗植物。早在6600万年前的中生代白垩纪，它就生存在地球上，主要分布于北半球。1941年中国植物学家在湖北利川首次发现幸存的水杉巨树，它是植物王国的"活化石"，和大熊猫一样珍贵。水杉是名副其实的"树爷爷"，已经发现的古老水杉有十多层楼房那么高，有好几百年的高龄，真了不起呀！

　　水杉树生命力很顽强，对于有害气体的抵抗性很好，栽种水杉对于城市绿色化、生态化是再好不过的选择。

『植树的方法』

挖树坑　　　　解草绳　　　　树苗入坑

一次培土　　　　提苗　　　　围堰

浇透水　　　　二次培土　　　　给树上支架

9月的节日

9月3日　中国人民抗日战争胜利纪念日

9月7日　白露（这日前后）

9月10日　中国教师节

9月16日　国际臭氧层保护日

9月18日　『九一八事变』纪念日

9月20日　全国爱牙日

9月21日　国际和平日

9月22日　秋分（这日前后）

9月27日　世界旅游日

9月28日　孔子诞辰纪念日

秋仙子让大地变了样。秋日的天空真高呀，高得摸也摸不着。秋日的天空真蓝呀，蓝得像块宝石。秋风吹过，田里的稻穗露出成熟的喜悦，笑着弯下了腰。大片黄澄澄的稻谷翻起金色波浪，丰收的气息扑面而来，轰隆隆的收割机好热闹。田野上到处是人们忙碌的身影，就连孩子们也忙着收获秋天的果实呢。

9月

关于 9 月

9月是北半球秋季的第二个月，公历年中的第九个月，属于小月，有30天。9月有白露和秋分两个节气，这时白天和夜晚温差越来越大，气温继续转凉，天气变得更加干燥，我国大部分地区的人们都能感受到真正的秋天了。此时，农事活动再次变得忙碌起来，人们一边忙着收获棉花和晚稻，一边加强田间管理，抓紧预防低温和虫害对农作物的危害。

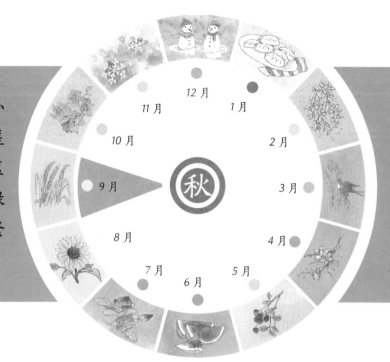

『地球公转与气候变化』

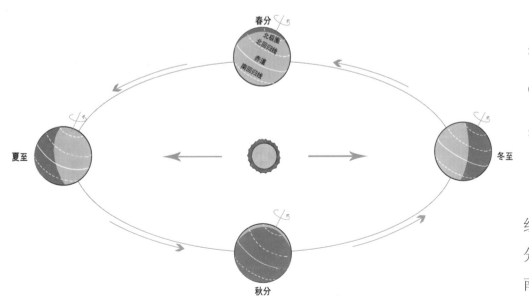

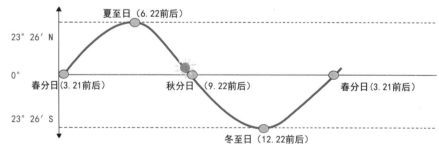

9月是秋高气爽的季节。在白露这一天，太阳运行到黄经165°，白天和夜晚的温差越来越大，天气更加凉爽。秋分的时候，太阳运行到黄经180°，太阳直射点回到赤道，南北半球大部分地区在这一天昼夜等长。

『诗词赏析』

  金秋的晴朗夜晚，一轮又大又圆的明月高悬在天边，悄悄地将广阔的大地照亮，承载着人们对远方亲人深深的祝福和思念。这时候的风光到底怎么样？来听听宋代文豪苏轼的动情吟唱吧！

水调歌头 · 明月几时有

明月几时有？把酒问青天。

不知天上宫阙，今夕是何年。

我欲乘风归去，又恐琼楼玉宇，高处不胜寒。

起舞弄清影，何似在人间。

转朱阁，低绮户，照无眠。

不应有恨，何事长向别时圆？

人有悲欢离合，月有阴晴圆缺，此事古难全。

但愿人长久，千里共婵娟。

  夜晚，举杯望向皎洁的明月，想去那遥远的天边看看。可冷清的月宫，怎么会有人间好玩呢？那美丽的月亮，为什么总在离别时才这么圆？生活中有快乐也有忧愁，月亮也有圆有缺。但愿人们能长久地在一起，就算相隔很远也能共赏美好的月光。

『谚语』

白露早，寒露迟，秋分种麦正当时

白露至寒露期间，是华北地区播种冬小麦的最佳时间。采摘棉花、播种冬小麦，这时候农民伯伯真忙呀。

秋分食蟹忙

秋分时节，秋色平分，冷暖适中，是出产螃蟹的旺季。肥美、滋补的螃蟹，这时吃起来格外香甜。

秋分棉花白茫茫

秋分时棉花吐絮，是采摘棉花的好时节，那一大片白绒球儿真好看，像层层的白浪，也像团团的棉花糖。

●植物笔记

『桂花』

在秋风的抚摸下，桂花把沁人心脾的香气传向四面八方。瞧，那高高的桂花树上开满了一朵朵黄色或黄白色的小花，散发着浓郁的幽香，让人不禁陶醉。桂花不仅很好看，还有很多的用处：晒干的桂花可以入药，桂花酒有健脾补虚的功效，桂花茶能止咳润肺，香甜软糯的桂花糕更是孩子们的最爱。

别　　名：木樨
分　　类：木樨科。常绿灌木或小乔木
花　　期：一般在 9-10 月
应用价值：可供观赏及药用

『大豆』

大豆是中国重要的粮食作物之一，有5000 年的栽培历史，在日常生活中，常常被用来制作各种豆制品、榨取豆油和提取蛋白质。一阵秋风吹过，成片的大豆摇动着豆荚，发出哗啦啦的笑声。你看，成熟后的大豆多有趣呀，一个个饱满的豆荚胖得快要胀破肚皮。豆荚裂开后，一颗颗大豆落到地上，像极了活蹦乱跳的小孩子，在庆祝又一个丰收年呀！

分　　类：豆科。一年生草本
花　果　期：一般在 6-9 月
植株高度：一般在 30 ~ 90 厘米
应用价值：重要的油料作物和食用蛋白来源

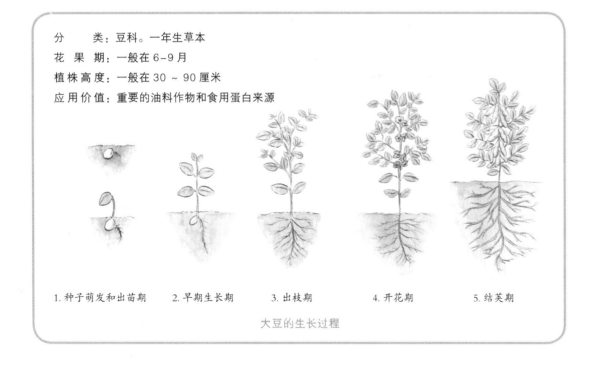

1. 种子萌发和出苗期　　2. 早期生长期　　3. 出枝期　　4. 开花期　　5. 结荚期

大豆的生长过程

●动物笔记

『麻雀』

    吱吱吱，小麻雀。蹦蹦跳，小麻雀。麻雀是一种活泼又聪明的小型鸟类，身上呈现深色的斑杂状。它们喜欢住在靠近人家的地方，一群群聚集在一起飞来飞去。它们身形敏捷，非常机警，有比较强的记忆力，大多数时候以谷物和种子为食。秋收的时候，它们会成群结队地飞到田间啄谷子吃，也会捕捉田里的害虫。

别　　　名：家雀、树麻雀、琉麻雀
分　　　类：鸟纲，雀科
分布区域：各大洲均有分布（南极洲除外）
繁　殖　期：通常除冬季外均可繁殖

家麻雀

山麻雀

蚱蜢雀

树麻雀

『蚂蚁』

    蚂蚁是一种有社会性生活习性的昆虫，它们一大家子在一起筑巢生活，分工明确，井井有条。它们喜欢把巢穴筑在地下或树上，小小的巢穴结构可复杂啦，分为隧道、小室和住所等。秋天一到，勤劳的小蚂蚁就忙起来了。它们爬到这儿，爬到那儿，到处去找过冬的粮食，找到以后，便使出全身的力气背回家去。蚂蚁可是动物世界的"大力士"，能举起相当于自身体重10到50倍的重物。

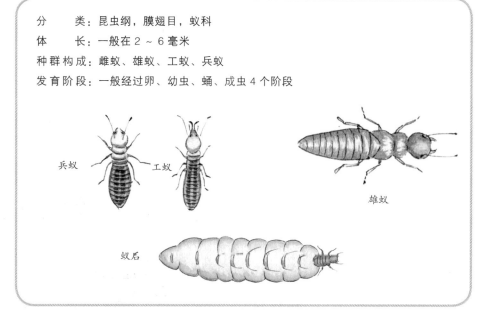

分　　　类：昆虫纲，膜翅目，蚁科
体　　　长：一般在2～6毫米
种群构成：雌蚁、雄蚁、工蚁、兵蚁
发育阶段：一般经过卵、幼虫、蛹、成虫4个阶段

兵蚁

工蚁

雄蚁

蚁后

天气·习俗·节日

连阴雨

连阴雨常常发生在春秋两季，通常是指连续6天以上的阴雨天气。春季，连阴雨会对玉米播种、小麦抽穗开花、油菜结荚以及核桃、板栗花期授粉等产生较大的不利影响。秋季则会影响秋收和秋种。如果连阴雨的持续时间过长，还有可能导致作物减产甚至绝收以及病虫害的蔓延。

饮白露茶

白露茶是白露时节采摘的茶叶。经历夏季的酷热后，茶树在白露前后再次进入生长佳期。白露时节昼夜温差更大，有利于茶树中有机物的积累。这时的茶叶片阔大，芽头尖细，是上等的好茶。比起夏茶和春茶，白露茶有一股独特的甘醇味道，散发出芬芳清甜的香气，让人忍不住多饮一杯。

中秋节

月亮圆圆，人也团圆。中秋节在农历八月十五，是中华民族的传统节日。中秋节历史悠久，影响深远，是由传统 "祭月节"而来的。这一天，月亮又圆又亮，大家围坐在一起品尝月饼，共赏桂花、饮桂花酒，寄托美好的祝愿。

漫画故事会

『《霓裳羽衣曲》的传说』

① 《霓裳羽衣曲》是唐代著名的宫廷舞曲，至今仍是音乐舞蹈史上一颗璀璨的明珠。这首舞曲是由唐玄宗李隆基所作，描写了他幻想中去月宫见到仙女的场景。

② 相传唐玄宗与申天师及道士鸿都在中秋佳节遥望月亮，玄宗突然兴起游览月宫的念头，天师便作法使三人步上青云，漫游月宫。

③ 到了月宫，由于守卫森严不能进入，他们便只能在外观赏。这时，突然传来一阵婉转动人的乐曲，熟通音律的唐玄宗非常欢喜，便将这美妙的曲调默记在心中。

④ 回到皇宫后，唐玄宗仍对在月宫中听到的曲调念念不忘，便将记忆中的曲调编写成《霓裳羽衣曲》。这个传说也表达了古时人们对月亮的喜爱与向往。

● 环保行动派

『国际臭氧层保护日』

自然界中的臭氧，其浓度最大的一层分布在距地面 20 ～ 25 千米的大气中，被人们称为臭氧层，对地球上的生命有非常重要的作用。但是，受到人类活动的影响等，地球表面的臭氧层出现了严重的空洞。1995年联合国大会决定，将每年的 9 月 16 日定为国际保护臭氧层日，号召世界各国共同保护臭氧层。

『臭氧层是我们的"保护伞"』

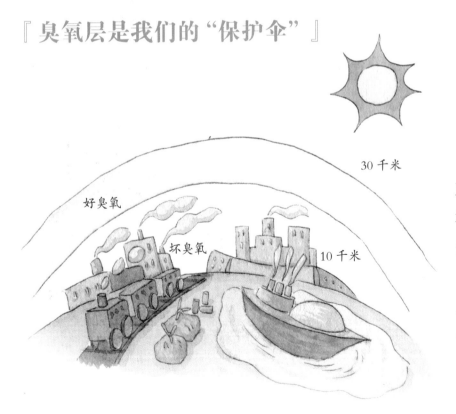

分布在平流层中的臭氧，是名副其实的"地球卫士"，将对生物伤害较大的短波辐射隔离在外，保护地球上的人类和动植物免受紫外辐射的伤害。所以说，臭氧层犹如一把保护伞，保护地球上的生物得以生存繁衍。

然而分布在距地面 2.5 千米的对流层中的低空臭氧，则是人类活动产生的污染物经过一系列复杂的光化学反应而产生的，一旦浓度超标，会成为"健康杀手"，危害环境和人体健康。

『 臭氧层空洞的危害 』

由于人类活动大量使用了氯氟烷烃等人造化学物质（如制冷剂、发泡剂、清洗剂），臭氧层遭到了破坏，大气中的臭氧浓度总量也减少了。其中，臭氧在南北两极上空的下降幅度最大。在南极上空出现的臭氧稀薄区，被科学家形象地称为"臭氧空洞"。臭氧空洞会使进入地球的紫外辐射增加，影响人类和其他生物有机体的正常生存。

南极上空出现的臭氧层空洞

（图中央深蓝色部位）

『 如何保护臭氧层 』

1. 尽量使用带有"爱护臭氧层"或"无氯氟化碳"标志的产品。

2. 节约用电，合理地处理废旧冰箱和空调等制冷电器。

3. 减少出行中的能耗和污染，倡导绿色出行，多乘坐公共交通工具。

4. 向家人、朋友宣传与保护臭氧层有关的知识，积极参与臭氧层保护活动。

10月的节日

10月31日	10月24日	10月23日	10月17日	10月16日	10月13日	10月8日	10月4日	10月1日
世界勤俭日	联合国日	霜降（这日前后）	世界消除贫困日	世界粮食日	国际减轻自然灾害日	寒露（这日前后）	世界动物日	中华人民共和国国庆节

十月的秋天是红色的。你看，那漫山遍野的枫叶将秋天的热情点燃，在阳光的照耀下犹如燃烧的火焰，展开一幅美丽的画卷。十月的秋天是金黄色的。你看，随风飘下的落叶好像给大地铺上了一层金色的地毯。金秋十月，正是外出活动的好时节，登高远眺，或在草地上肆意奔跑，与凉爽的秋天来一个热情的拥抱。

10
月

关于 10 月

10 月是北半球秋季的第三个月，公历年中的第十个月，属于大月，共有 31 天。10 月有寒露和霜降两个节气，天气逐渐从凉爽向寒冷过渡。这时候秋高气爽，正是秋熟作物成熟和越冬作物播种的农忙时节，棉花、玉米等作物开始收获，各类蔬菜也蓬勃生长。金秋时节，人们开始更多地食用温热滋补的食物，为应对寒冬的到来储备能量，增强体质。

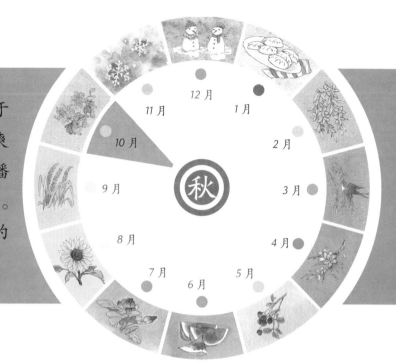

『地球公转与气候变化』

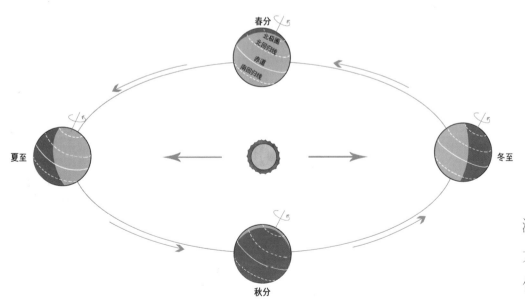

10 月是金秋。寒露这一天，太阳运行到黄经 195°，气温快速下降，地面上的露水快要凝结成霜。到了霜降节气，太阳运行到黄经 210°，天气开始变得寒冷，地面的水汽在低温下凝结成白色的冰晶，大地将出现初霜的现象。

『诗歌赏析』

深秋时节的风光是什么样的？

你看，树林被一层层渲染，黄、橙、红各色的树叶彼此叠加，将秋的温暖和热情尽情展现。五颜六色的秋菊在阳光下怒放，静静描绘着这童话般的秋天。

喜欢这样的秋景吗？有没有沉醉在这份静谧之中？

请在东晋大诗人陶渊明的佳作中加深感受吧。

饮酒（其五）

结庐在人境，而无车马喧。

问君何能尔？心远地自偏。

采菊东篱下，悠然见南山。

山气日夕佳，飞鸟相与还。

此中有真意，欲辨已忘言。

房屋建在人来人往的地方，却没有喧嚣声。难道有一道隔音的屏障？不，是因为心灵安定。只要心安自适，就能体会到安静。在篱笆下采摘菊花，不经意望见了远远的山。夕阳下，云雾缭绕，一群回巢的鸟儿相伴而归。这是一幅多么静默的画面，是人间的真、善、美，是心灵的安抚剂。

『谚语』

寒露柿红皮，摘下去赶集

寒露期间正是柿子上市的时候，各种各样的柿子让人眼花缭乱。柿子虽然好吃，但一次不要吃太多哦。

霜降杀百草

霜降时节，露水凝结成霜。霜对生长期的农作物危害很大，被严霜打过的植物，一点儿生机都没有了。

要得苗儿壮，寒露到霜降

寒露到霜降，春小麦已收割完成，正是华北及以南地区种植冬小麦的农忙时节。

植物笔记

『菊花』

　　菊花是一种常见又古老的草本植物，在中国有超过 3000 年的栽培历史。多姿多彩的菊花是秋日里的一道靓丽的风景，红的似火，白的像珍珠，紫的像云霞，远远看去，既像繁星又像瀑布，装饰了色彩缤纷的大地。人们喜爱在秋季赏菊、饮菊花茶，并将菊花看作高风亮节、吉祥长寿的象征。

别　　　名：陶菊、女华
分　　　类：菊科。多年生草本
化　　　期：秋菊的花期一般在 9–11 月
分布区域：各大洲均有种植（南极洲除外）

紫菊　　　　　　木春菊　　　　　　雏菊

矢车菊　　　　　　二乔　　　　　　冬菊

别　　　名：苞谷、珍珠米
分　　　类：禾本科。一年生草本
分布区域：各大洲均有种植（南极洲除外）
应用价值：重要的粮食作物和经济作物

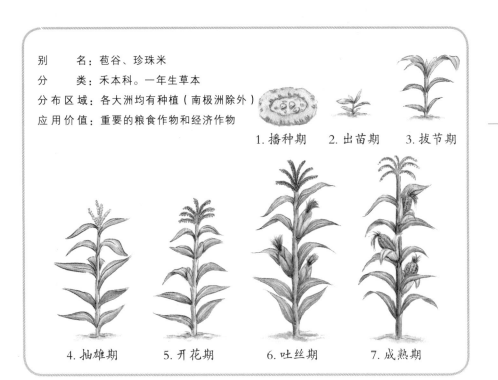

1. 播种期　　2. 出苗期　　3. 拔节期

4. 抽雄期　　5. 开花期　　6. 吐丝期　　7. 成熟期

『玉米』

　　长着长长胡须的玉米，具有很强的环境适应性，不怕干旱也不怕寒冷。它们长得又高又直，一大片一大片整齐地立在田地里。玉米的作用可大了，它们不仅具有很高的营养价值，还是养殖业重要的饲料来源和轻工业发展不可或缺的原料呢。看呀，秋天的田野里，拖拉机开起来了，满载着金黄的玉米，奔跑在乡村的小路上。

动物笔记

『大雁』

听，白云深处传来了一声声嘎咕嘎咕的叫声。原来是一只只大雁排着整齐的队列向着南方迁徙。大雁是出色的空中旅行家。每当秋冬来临时，它们就成群结队地排着一字形或人字形的队列，从西伯利亚地区飞到暖和的南方过冬，第二年春天再经过长途旅行飞回来。瞧，飞在最前面的头雁用力拍着翅膀，领着队伍越飞越远呢。因为它们整天地飞，单靠一只雁的力量是不够的，必须互相帮助，才能飞得快、飞得远。

分　　类：鸟纲，鸭科。属国家二级保护动物
体　　长：一般在 80 ~ 100 厘米
分布区域：主要分布在北美地区、欧亚大陆及非洲北部
繁 殖 期：一般在春季交配繁殖

分　　类：鸟纲，啄木鸟科
常见种类：灰头绿啄木鸟、大斑啄木鸟
体　　长：一般在 20 ~ 50 厘米
分布区域：各大洲均有分布（大洋洲和南极洲除外）

『啄木鸟』

啄木鸟是著名的“森林医生”，它们保护着树木健康生长。它们主要捕捉天牛、吉丁虫、透翅蛾、蝽虫等害虫，每天能吃掉1500条左右。啄木鸟的嘴细长又坚硬，很像木工用的凿子，不仅能啄开树皮，还能在木质部分啄出一个个小洞，捕食隐藏在里面的害虫。有时，碰到虫害严重的树，啄木鸟医生要在上面连续工作好几天，直到把全部的害虫都消灭才离开，真辛苦呀！

天气·习俗·节日

霜降

　　霜降是秋天的最后一个节气，是秋天向冬天过渡，天气将会变得更冷的标志。这时空气愈发干燥，秋意也越来越浓烈。霜降时，大地因冷冻将可能出现初霜现象，农作物也会因环境温度过低而受到损伤。因此，霜降前后，应该更加注意农田管理，抵抗冻害，保持土壤和农作物的健康。

霜降习俗

　　霜降正值秋冬之交，各地的人们也会用不同的习俗度过这个特别的日子，希望能祛除凶秽，在之后的生活中顺遂平安。许多地方习惯吃柿子，寓意"事事平安"；南方的一些地方会在霜降选择脂肪较少的鸭肉作为进补饮食；还有些地方会举办菊花会，亲朋好友聚在一起共同赏菊饮酒。

重阳节

　　农历九月初九是重阳节，是中国的传统节日。这一天的文化内涵可丰富啦，有感恩敬老、登高祈福、秋游赏菊、佩插茱萸等。人们会在这一天祈盼老人健康长寿，祝愿幸福长长久久。金秋的山上层林尽染，人们还会在这一天和家人一起登高远眺，欣赏秋日的好风景。

漫画故事会

『孟嘉落帽的故事』

① 东晋初年，有一年九月初九重阳节，大将军桓温带着下属的文武官员游览龙山，登高赏菊，并在山上设宴欢饮。

② 山上金风送爽，花香沁人心脾，众人畅聊饮酒，欣赏山间的风景。突然一阵风吹来，竟把孟嘉的帽子吹落在了地上，但他一点儿也没有察觉，仍在举杯痛饮。

③ 那时候，帽子就像头颅一般重要，孟嘉掉了帽子还贪恋景色，实在有失体面。桓温趁孟嘉离席时，取来纸笔写了一张字条压在他的帽子下面，嘲弄孟嘉落帽却不自知。

④ 孟嘉回来看到地上的帽子和字条后，才发觉自己落帽失礼，但他不动声色地顺手拿起帽子戴正，一气呵成地写了一篇文采四溢的答词，为自己的落帽失礼辩护。后来人们用"孟嘉落帽"称赞他人气度宽宏，才思敏捷，潇洒儒雅。

● 环保行动派

『 世界粮食日 』

　　"民以食为天"，为了唤起世界各国对粮食发展和农业生产的高度重视，联合国粮食及农业组织决定将每年的 10 月 16 日设立为世界粮食日，号召各国增加粮食生产，更合理地进行粮食分配，积极与饥饿和营养不良做斗争。"Food for All——人皆有食"，这不仅是联合国粮食及农业组织的梦想，也是全球每一个公民的梦想。

『 "饥饿" 的地球 』

　　根据联合国的数据统计，目前全球有超过 8 亿人正遭受饥饿、食品安全和营养不良的困扰，也就是说，每 9 个人中便有一个人无法获得足够的食物。各国政府都应该反思和重视粮食不安全、粮食不足和分配不均的问题。我们也应当从自身做起，节约每一粒粮食，培养勤俭节约的良好风尚。

『五谷杂粮』

　　"五谷"这个名词的最早记录出自《论语》。根据《论语》的记载,2400多年以前,孔子带着学生出门远行,子路掉队落在了后面。路上,他遇见一位用杖挑着竹筐的老农,便问:"你看见夫子了吗？"老农说:"四肢不劳动,五谷分不清,谁是夫子？"这里的"五谷",说的就是五种谷物。

　　五谷,现在是指稻谷、麦子、大豆、玉米和薯类。人们习惯将除米和面粉以外的粮食称作杂粮,五谷也是粮食作物的统称。

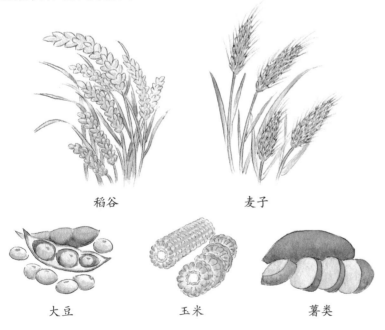

稻谷　　麦子

大豆　　玉米　　薯类

『爱粮节粮,从我做起』

　　自古以来我国就有"民以食为天"的格言,即使在今天,我们也不能放松勤俭节约这根弦,要从点滴做起,让节约成为自觉、成为习惯。

1.珍惜每日的盘中餐,倡导并践行光盘行动。

2.提倡勤俭节约不浪费,吃多少就盛多少。

3.做节约宣传员,向身边的人宣传爱粮节粮的重要性。

4.在外就餐不过度消费,吃不完的食物要打包带回家。

植物检索

梧桐（8月）

紫菊（10月）

木春菊（10月）

雏菊（10月）

矢车菊（10月）

二乔（10月）

冬菊（10月）

向日葵（8月）

桂花（9月）

大豆（9月）

玉米（10月）

工蚁（9月）

蟋蟀（8月）　　　　　　　　　萤火虫（8月）　　　　　　　　　蚂蚁（9月）

啄木鸟（10月）

家麻雀（9月）　　　　　　　　山麻雀（9月）

大雁（10月）

蚱蜢雀（9月）　　　　　　　　树麻雀（9月）

飞行棋大战

掷出骰子，飞行棋大战一触即发！

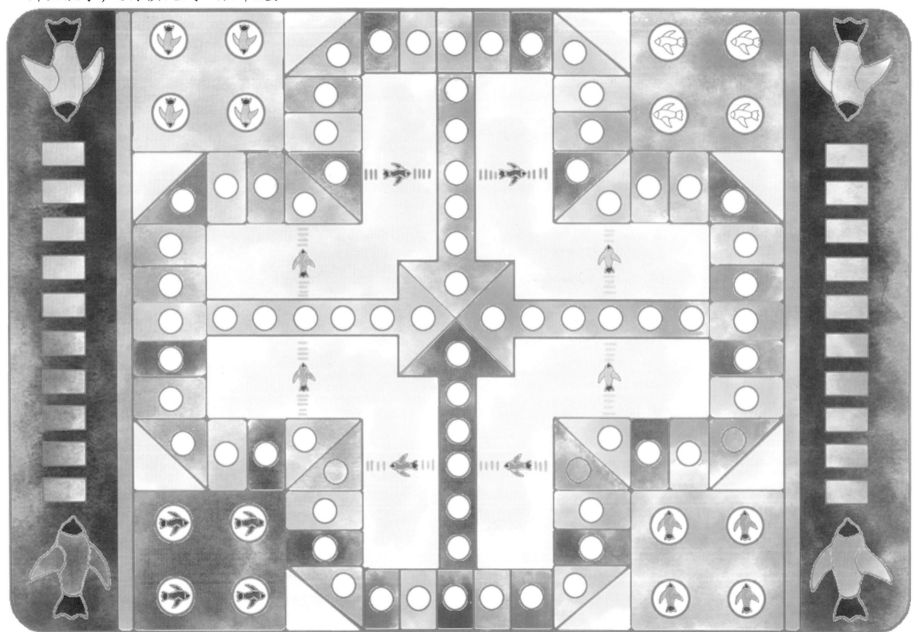

晒一晒你所关注到的秋天